一種可以根治精神分裂症或抑鬱症的

中醫祖傳秘方

An ancestral secret recipe of Chinese traditional medicine formula that can cure schizophrenia or depression

李常珍

一種可以根治精神分裂症或抑鬱症的中醫祖傳秘方

繁體中文第一版©2019 李常珍

ISBN:978-1-67819-844-2

自序

直到 2016 年我在菲律賓度假時讀到一篇關於精神分裂症的論文，才知道原來此病在全球醫學界被認為是不治之症。這大大出乎我的意料！因為我從童年有記憶起，就發現每年絡繹不絕的精神病人來我出生的村莊找土郎中購買用祖傳秘方配製的中藥丹丸。他們服用後大多數在兩個周內治癒，這包括我一個至親！四十年過去了，在科技高度發達的今天，這個病怎麼成了不治之症？之後，我瞭解到，全世界數千萬精神病患者在痛苦中煎熬，他們的親朋好友無不心力交瘁，憂心忡忡。因為是不治之症，政府付出的醫療成本也是長期和高昂的。再後來我瞭解到一個案例，她令人悲催的結局，更堅定了我寫這本書的決心。

我廣東的一個朋友，她女兒在高中學習成績出類拔萃，高考全市前十名。香港中文大學僅給珠海市三個面試名額，她便在列。她後被廣東外語外貿大學錄取，是廣東知名大學。她大一，一如既往的優秀。重點大學，成績優異，花季年齡，她的未來令父母充滿期待。然而，第二年一場突如其來的失戀，卻令她精神

3

崩潰。她很快被診斷為精神分裂症。住院半年多，服用了大量西藥。在出院時，醫生向我朋友宣佈：" 恭喜你女兒病情穩定，可以出院了！" 我朋友天真的認為女兒已經痊癒，問醫生：" 我女兒可以繼續回去上大學嗎？" 醫生微笑回答他：" 當然可以！" 朋友興高采烈地送女兒返回大學課堂。大家都認為她從此步入正軌。然而，她返回大學，雖然還是同樣的專業，堅持一個學期下來不得不輟學！原因不是舊病復發，而是每門課無論怎樣努力，都無法及格！朋友懷疑女兒在精神病醫院服用的大量西藥對女兒的智力造成不可逆轉的巨大破壞。

　　這本書將這個中醫祖傳秘方來歷，藥方成份，治病原理及注意事項如實講述，以利後人。

第一章　　　秘方來歷

我出生的村子"保子埠"在清朝屬山東省青州府諸城縣管轄。諸城也叫諸葛城，北宋稱密州，著名北宋文學家蘇東坡曾任密州刺史，他于 1076 年中秋節在此地寫下經典詩詞《水調歌頭·明月幾時有》

我村保子埠，明朝初年建立。村民大部分姓李，且屬同一祖先"碾台李"的一支。據家譜記載，明朝洪武二年，有李氏兄弟四人從江蘇省海州當路村遷至諸城，然後各自獨立尋找村子落腳生根。在分開之前，四兄弟將一個石磨底盤，也稱碾台，砸成四瓣，四兄弟各執一瓣，作為將來認祖歸宗的信物。我村這一支姓李的，就是持有碾台一角的某個兄弟的後代。我們這一支，一世祖就是那個持有 1/4 碾台的人，名叫李才有，至我這一代已曆 24 世。

這個藥方又是如何得來的呢？據我父親李澤仙講，大概清末光緒年間，我村有一與我同宗的村民以販獵鷹為業，時稱"鷹

5

客"。他在本地捕抓野鷹，馴化後，帶到南京販賣。江南地區這較我村地區富庶，獵鷹在 當地可以賣得較高的價格。此"鷹客"在江南某旅店住宿期間，與某老太閒聊。老太得知此鷹客來自千里之外，故熱心傳授這一專治精神病的祖傳秘方。擁有祖傳秘方的人是很不希望在自家附近培養一個競爭對手的。傳授完畢，老太寄語"鷹客"："善持此秘方，回鄉造福一方吧！"

第二章　　　百年輝煌

"鷹客"將藥方帶回我村，開始宣傳並收治精神病人。精神分裂病並非現代病，是自古皆有，絕大多數的病人服用後 1-15 日內可痊癒。如此神效的藥方，價格公道，鷹各很快聲名鵲起，數百里之內的病人慕名而至。對應每一種病，中醫藥方往往一大筐，但如此靈丹妙藥，恐怕在中醫盛行的古代中國，也是十分罕見。

鷹客視此方為機密，傳男不傳女，因為女兒外嫁，則藥方外泄，不利子孫。鷹客死之前傳方與其兩個兒子。兩個兒子各自成家後，各自獨立配藥，久之，也形成了競爭關係。長子排行九，人稱"九老孩"，遠比其弟"十老孩"勤奮。每年冬天農閒，"九老孩"便到四方宣傳自己的靈丹妙藥，留下自己的地址和姓名。久之，外地來村裡購買秘方藥的人都只肯找"九老孩"，而"十老孩"逐漸"門前冷落鞍馬稀"。"九老孩"年邁之後，已不便外出，但因其積累大量外地客戶和聲譽，仍舊生意興隆。其

弟" 十老孩" 雖然年輕很多，卻無人問津，心中甚是嫉妒，遂生一計，

　　次年，" 十老孩" 的生意大有好轉，而其長兄的病人大為減少，" 九老孩" 十分不解，派其子去周邊瞭解到真相後，發現原來是其弟陰謀所致。其弟趁其兄老邁不能外出，秘密四處散佈謠言：" 我是保子埠專治精神病的" 九老孩" 的弟弟" 十老孩" ，我哥移居關東了。今後我村只有我" 十老孩" 一人可配藥了！"" 九老孩" 氣得跺腳說：" 為什麼不說我死了更省事！"

第三章　　寶刀已老？

　　2019 年 7 月 31 日，我與我本村小學同學李先生，此祖傳秘方的傳人之一，進行了電話交流。他目前在膠州某村醫務室當大夫。按理說，他現在可以名正言順的用這個秘方治癒更多的精神病人，但結果卻大大出乎我的預期，他說：" 1990 年代及以前，我父子用這個祖傳秘方，幾乎就是來一個治癒一個，根治毫不費力。但是，近年來，雖然用同樣的藥，卻很難碰上能根治的病例。" 我大感不解，他繼續解釋：" 以前，中國缺醫少藥，來的病人都是初診，曾未吃過任何西藥。現在的病人則不然，現在每個地方都有專門的精神病醫院。現在來找我的病人都已服用大量西藥，因為打聽到我的藥方能根治所以才來找我。" 我問他，曾經服用過西藥，然後再服用祖傳秘方配置的中藥，就沒有效果嗎？" 他無奈的說：" 豈止是沒效果，有時還會令服過西藥後病情穩定的病人即刻犯病！" 由此可見，此藥方只適合曾未服用過西藥（如鎮定類藥）的病人。

第四章　　藥理和藥效

中醫將精神病分兩類，急性發作的叫" 癲狂" （" 躁症" ）。這類通常情緒失控，有幻覺，有些伴有失眠，便秘；第二類，" 肝氣鬱結，情緒低落" ，即西醫之憂鬱症。

本書之祖傳秘方，其藥效就是" 豁痰開竅，鎮驚安神" ，對精神分裂症和抑鬱症採用同樣配方。每天服藥一次。用大量腹瀉的方式排痰，很多病人服藥一次之後神志就會清醒很多，一日至十五日，可逐步好轉至根治。這種中藥療法好處不用長期服藥，不易復發，副作用小，不會對智力產生影響。治癒的病人可以恢復到發病之前狀態，可以繼續之前的事業或工作。

第五章　　　服藥後的不適

　　此藥配方含有巴豆，而巴豆含有生物毒素。雖然少量服用一般不會致死，但對身體產生的不適則不應小覷。幾乎所有病人服用此藥後都會產生嚴重的腹瀉（腹瀉正是此藥排痰開竅的治療方式），一夜可達幾十次之多。故服用此藥者，應有監護人全天監候，一是防止因不適導致意外，二是不適過度超過安全界線，應當服用備好的綠豆湯中止治療。服用後如果有嘔吐反應，可用冷濕毛巾圍脖子，因為藥物一旦在 30 分鐘內嘔吐則等於服藥失敗

　　附綠豆湯製作方法：

　　取 250 克綠豆，（一般在各國中國超市有賣），加水 1 升，溫水煮 45 分鐘，取出湯冷卻備用。綠豆在中藥中的主要功能是解毒。

此藥方從光緒年間父子相傳數代，但一直無文字版。我叔父在 1960 年代擔任村醫，時稱"赤腳醫生"，他有幸瞭解並考察後用筆記錄了這個傳奇藥方。

圖中的全部文字如下：

提示：上述成份，"銀朱"可理解為半克以下。四味為一付，用手工方法打製成一個丹丸。七粒巴豆是古代用量，今人恐怕很難承受其痛苦的腹瀉，故可酌情減為 5 粒。本書此處提供的配方需要經合格醫師同意後使用，嚴禁病人自行配製，否則後果自擔。

第七章 聯繫方法

全世界每年都有成千上萬的人因藥物不良反應死亡，中藥亦不例外，但是，服用有批號的中藥或西藥，導致死亡，病人一般只有自認倒楣。服用沒有批號的江湖郎中的藥方，一旦死了人，則死主家屬往往歸咎售藥人。如此一來，治好了，不過是一句感謝，治不好，心生怨恨，治死人則必治售藥人入獄方快其心。結果往往是，有奇特療效，但又有危險性的祖傳秘方持有人越發忐忑不安，幾乎不敢行醫。試問，全世界都認為是不治之症，怎麼能吃個蘋果就能治癒？ 我對病人深表同情，但我也不希望我的族人因此受牢獄之災。

此藥方在我村有四人能配製，我與他們無任何代理關係，所以發生任何後果均不得歸咎於我。入村用中文普通話打聽一般很快就能找到其中的一個。

再次提示：（1）已經服用過西藥的不可服用此藥；（2）不可自行配製；（3）服用前，應當詢問醫師關於這些成分對自己有何種風險，如過敏、中毒等；（4）歷史上治癒的病人估計有數百至千人，治癒率大概 7 成，無一人因服藥致死。但 1990 年代有一女病人服藥後被鎖樓上，她可能難以忍受腹瀉的藥物反應，嘗試爬出窗戶沿水管下樓時不幸摔成重傷，搶救無效死亡。

其中一個的聯繫方式：

膠州膠北街道辦事處南庸村衛生室

地址：膠州市北關辦事處南庸村衛生室

電話：13061353503

Email：1113692887@qq.com

第七章　　**案例**

　　第 1 例。李女，發病時約 40 歲。李女家住大山深處山溝中一個叫"丁家溝"的山村中，農業生產活動主要靠肩挑人抬。山中野生動物較多。某日，李女夜起到院內小解（當時村民無室內洗手間，小便一般解到一個陶罐內，尿液被當做較珍貴的有機肥）。其夫在臥室內久等不見其妻返回，十分疑惑。他穿衣到院內各處尋找，蹤影皆無。其夫大驚，叫醒其餘家人及其族人全村各處搜索一夜，仍是一無所獲。此日天亮，更多村民參與在村子周邊山林擴大搜索範圍。當日，終於在山間密林深處發現李女。但此時李女已神志不清，行為癲狂。回家後數月不能恢復正常，但當時缺醫少藥，也未做任何治療。按當時某些村民說法，她是夜起小解時被山妖勾引或邪靈附體所致。

　　李女之弟是我村村民李某，一向膽大，他決定用本書所寫之秘方治療。他打聽到秘方成份後，自行用斧頭將幾味中藥材砸成泥樣混合物，然後用手捏成幾個黃豆大小的圓球。最後把藥球在

"銀朱"粉末中滾過,"靈丹"便宣告做成。李某考慮到其妹身強力壯,而病情激烈,於是冒險在標準配方基礎上多加了一粒巴豆。李女服用半付丹丸後,上吐下瀉,病情明顯減輕,次日再付其餘,則很快完全康復,至今 30 年未復發。

案例 2。丁女,西南莊人,約 17 歲發病,間歇性精神失常。後嫁我村藥方傳人之子。服藥數次後痊癒。至今 30 餘年未復發。

案例 3 李生,約 2009 年發病,時年 37 歲,李生自小學習優異,尤其在物理、機械、電工方面天份十分突出。後赴日本做電氣技工數年。李生回國後受雇其一遠房親戚,擔任廠長。李生使用自己專長,付出巨大創造性勞動,帶領工人,幫老闆新建一座工廠。工廠建成並正常投產之後,李生卻遭不公正的排擠及開除。原因是李生為人耿直,在他擔任廠長期間曾處罰並開除違反廠規的老闆親戚。李某被迫離職後憤憤不平,鬱鬱寡歡,且有經濟壓力。之前,他曾借老闆數萬購車,如今已失業,但仍需還債。隨後不久,他因心情不佳,約以前工廠工人(也已辭職)一起飲酒。結果當日他酒後駕車，撞上一輛高檔寶馬車，又添一筆不菲的賠償金，可謂禍不單行。這之後，他心情更加鬱結。此時夫妻又不和睦，時常爭吵。經濟壓力加上長期心情鬱結，導致了接近精神分裂。明顯症狀是臉色發紅，情緒極度低沉，不講話，與人難以溝通，癡呆狀顯著，與之前活力四射，講話滔滔不絕判若兩人！此時的李生已完全喪失工作能力。李生與我同族同輩分，我從上海回故鄉時目睹過他的嚴重病情。幸運的是，在李生未服用西藥之前，他的病情發展引起他族叔的注意。他這個族叔名叫李澤芬，也會配這個藥。於是這名族叔主動給他配藥，李氏服用一付後完全根治。至今已有十年，無復發。李生治癒後，性格完全恢復到之前狀態，智力和工作能力明顯無任何損傷。他仍然幹以前類似工作，獨立承攬給工廠或新建樓宇佈設電纜。這類工作需要大量談判，採購等社交類技能，他應付自如。他康復後，歷經兩次離婚，但均未導致復發。目前與他第一任妻子已重婚，夫妻感情融洽。

案例 4　趙女，約 20 年前得產後抑鬱症，後逐步惡化，發展成慢性抑鬱症，經常閉門不出，社交冷淡。曾服用本書秘方藥，未能治癒。她也曾入住醫院服用西藥治療，病情穩定後，出院回家之後不久就復發。如今病情時緩時重。因為此秘方藥服後身體相當不適，故一般而言，此藥服用後或者很有效，很快治癒，或者無效。如果無效，一般病人也不會再服，因為服藥過程的痛苦令人銘心難忘。

案例 5　王女士，王女士生於 1952 年，她的母親是附近村子的 2 號地主的女兒。王女士母親的外公的兄弟是徐堉（字仁甫）大清光緒三年（1877）中翰林，歷任禮部主事，江南道監察禦史及貴州道監察禦史，也是晚清著名書法家與詩人。在 1949 年之後那個天翻地覆的革命年代，地主子弟不但財產被剝奪，性命也隨時不保。王女士之母幸虧在做地主女兒時，對雇農，對窮人十分關愛，信奉與人為善。故在一次批鬥中，有個窮雇農"翻身"做了女幹部的人指著王女士之母說："這個人底細我清楚，論出身，她是地主女兒，該殺，但是她當年對窮人恩德不淺，理應饒她不死。"

李女自述，她母親是地主女兒，導致她政治地位低下，又是全村最窮的一戶，但她自小就有極為卓越的記憶力，而且記事甚早，至今仍然可以回憶兩三歲期間發生的事情，雖然是個很聰明的女童，但只上了為數不多的幾次夜校，因為父親拒絕支付所欠的兩分剩餘學費。即使如此，她靠自學仍具備簡單的識字和閱讀能力。王女士說，她的童年雖然艱辛，比如每天在生產隊和成年人在一起勞動掙工分養家，平時挖野菜補充母親食譜，撿樹葉當燃料做飯，但心情多數時間是開心幸福的，沒有任何精神問題。

王女士 13 歲時，有村裡媒婆找她父親提親，男方是鄰村一李姓 16 歲少年。王女士之父一向赤貧，年邁又貪酒，在接到媒婆轉交的彩禮錢 50 元和一瓶酒後，未征得女兒同意很不負責任的答應了這門親事。當時流行的彩禮錢是 99 元。王女士當時年齡小，再加上雙方沒有見面，對未來女婿長相和人品一無所知，故暫時未對自己的精神產生重大影響。

1966 年文革開始，王女士 14 歲，這場運動對王女士的精神產生重大衝擊。第一，王女士母親出身為地主，本來在 1966 年之前也有零星低強度的批鬥，但文革開始後，對地主階層的批鬥，羞辱，迫害強度和頻率隨之升級。14 歲的王女士此時早被村生產隊吸收作正式勞動力參加各種集體農業生產活動。她每次親眼目睹自己母親在全村批鬥大會中被批鬥，內心十分痛苦。每次家裡來客人，她母親必須立即到村裡革命委員會報告。而且，她母親被村裡安排義務掃大街，這被大家認為是一種羞辱。

第二個打擊是，因為她母親是地主，導致她無論如何努力，都無法加入紅衛兵或共青團。這令她十分苦悶和煩惱。她的出色勞動表現多次被"大隊"書記在社員大會上公開點名表揚，但在那個一切講政治出身的年代，這無濟於事。

王女士認為，這些挫折和不公雖然令她苦惱，但尚不足以令她產生精神問題，接下來兩個事件令她精神崩潰。

1967 年秋，14 歲的王女士與外村 17 歲未婚夫李姓青年初次偶遇，令她大失所望。當時，李姓青年和同村其它的幾位同齡男青年來王女士村西南角支援修石橋，此時王女士同本村幾名同齡女青年一起去農田幹活時途經此處。王女士抬頭觀察這群外村男青年，無一人相識。但她很快發現其中一名男青年行為舉止十分怪異。這名男青年剃個光頭，穿一條很臃腫的大檔棉褲，斜跨帆布書包，對比其他男青年留文革髮型，衣裝整潔，顯得極為另類。再看他長相，呲著兩顆大門牙，一臉傻相。王女士心想，這人如此邋遢，今後如何找媳婦。

正凝思間，突然外村男青年們一陣騷動，有的人大喊：" 搶某某人花生！" 王女士也不知某某為何人名字。只見一群男青年蜂擁而上，專搶光頭男青年的書包裡的花生。更令人驚詫的是，男青年不但不知道如何保護自己的花生，卻只是傻傻地笑。王女士此時更加鄙夷，心想此人不但形象邋遢，還缺心眼，正為他擔心未來可能難以找到媳婦時，王女士同行的一個與該男青年有遠親的同伴拍了一下王女士的肩膀說：" 王，你看你未來丈夫也在裡面。" 王女士心裡猛的一驚，心想，是誰都行別是光頭男。王女士擔心的問：" 哪個？" 王女士同伴指著正在被人哄搶花生的光頭男李姓青年說：" 就是那個光頭男。剛才他們喊得名字是他的乳名！" 王女士一聽簡直五雷轟頂。神情沮喪的王女士回到家中向母親哭訴，希望父母退還彩禮 50 元並退婚，但遭母親拒絕。一來當時當地民風極為樸素，訂婚之後，極少發生悔婚的。

而王女士之母本來地主女兒，深受儒家傳統禮教束縛，更難考慮悔婚方案。這令王女士非常苦惱絕望，出現抑鬱症特徵。此後不久發生的棉襖事件，最終導致她精神分裂。

當年初冬，王女士和其她幾位同生產隊女青年一起用鐵鍬翻地，她因為平時苦惱，所以就更加拼命幹活，希望讓過勞來忘記煩惱。很快，她渾身冒汗，於是脫下黑布棉襖放田壟，繼續翻地。幹到黃昏，生產隊隊長宣佈收工。她這才想起地頭的棉襖，可卻找了十幾個來回無法找到。（注：次年春節種地時，被翻地的農民翻出，推測當時她的棉襖被人惡作劇埋入土中，而她一時找不到，誤認為被偷。）王女士未能找到棉襖，心急如焚地回到家，母親得知，十分悲痛。在當時缺衣少食的文革期間，丟失一件棉襖比現代人丟失一部萬元手機或一輛無保險汽車要嚴重的多。當時一個農村成人勞力起早貪黑，每月幹滿 30 天（沒有週六周日），月工資才人民幣 6 元（1960 年代美元與人民幣匯率 1：2.4）。教師工資是 25 元左右。當時豬肉價格是 1 元/公斤。當時對集體生產隊社員實施工業品配額供應制，每人每年只有 3 尺 3 寸（1/3 米）的布。社員拿到布票後，仍需支付 1.65 元去國家壟斷的供銷社購買這 1/3 米的布票，這充其量做個遮羞的底褲，要做棉衣得到多個家庭借用布票，還得舉債購買布料和棉花！王女士一家完全不能承擔補做一件新棉襖。在文革時代，北方農村冬天千里冰封，雖然無有價值的農活可做，但生產隊也不會讓社員閑著，不是做一些毫無意義的勞動，比如砸冰，拉塘泥，修路修橋，就是無休止的運動和開會。王女士丟失唯一的棉襖，刺激很大，加上之前母親受批鬥，自己不能入團，未來丈夫如此不堪，她每日感到心中冤屈，憋悶，壓抑，常常無故失聲抽泣，後很快每日都有幻覺。每當遠遠看到別人在閑聊，她就誤以為他們在談論自己。有時又感到自己要死了。因為老感覺有人要來抓她走。冬天這幾個月，她精神恍惚，但她仍堅持參加生產隊的勞動。雖然，當時生產隊同情她，全村四個生產隊湊錢款幫她買了布和棉花，讓她穿上了新棉襖。但病情日益嚴重，時好時壞，家人十分擔憂。某日有個縣裡西醫來村裡，診視王女士後，說："她大腦壞了，不好治了。"也沒開藥。此時王女士不愛吃飯，睡眠很差，但仍堅持在生產隊努力幹活，也就日益消瘦，精神分裂症狀更加明顯。父母慌了，雖然王女士家裡極為貧困，經常沒有鹽做飯，她母親有時拿全家僅有的一個雞蛋去賣 5 分錢，然後再去買鹽。平時沒有火柴，則需去鄰家用一把草借火回家做飯。夜裡沒有煤油燈，睡覺前，用手摸索著把飯碗放好，防止貓上桌打落。如此貧困（實際情況是大部人都窮），但王女士父母還是傾其所有給王女士治病。先是花 6 元鉅款為王女士買了一付秘方藥。但王女士服用半付不足半小時，全部嘔出，這就等於浪費了這半付藥。王女士母親對此心痛不已。其實，服藥後為防止嘔吐，應用濕毛巾圍住脖子。次日，王女士早上又服用剩餘半付，這次所幸沒有嘔出。藥力逐步發作，先是感到噁心，嗓子辣，胃辣。至中午，預期中猛烈腹瀉開始。（類似做腸鏡檢查之前喝的瀉藥，但瀉藥只是瀉，未必能有中藥的治病效果）。大概十幾分鐘一次，幾乎整個下午都在拉。初期有些類似痰樣物。最終腹瀉物不再有任何糞便，只是有顏色的水樣物。至晚上，精神分裂症狀消失，比如她之前心胸鬱結，現在感覺頭清心明，也不再想四處走動（當然也無力走動）。隨之，睡眠和飲食，精神都大有好轉。王女士認為這次服用秘方藥，雖然有好轉，但之後仍然很容易復發。於是，其父母又送她去“上莊”找一擅長下針的老中醫用下針治療。經約五次治療。也有效果，但仍不能認為已經痊癒。於是王女士父母又送她去看傳統中醫。此時河叉村中醫張金月之爺爺，他們是時代祖傳中醫。當時年代，不准中醫在家開私營診所（當時不允許任何私營經濟）。當時張金月的爺爺被政府安排到十幾公里外的"草場村"坐診，收入歸公，給他開工分而已。這名老中醫非常擅長脈診，對王女士脈診後，開出了安神開竅傳統中醫方。王女士父母照單抓藥數付。王女士家沒有煎藥的專用罐子，當她母親從鄰居借回罐子把藥剛煎好，王女士卻認為這藥有毒，她拿起石頭向藥罐打了下去，結果借來的藥罐被打碎，藥也灑了一地，母親對此又是無奈嚎啕大哭一場。

王女士之後堅持把這幾付中藥服完，感覺也有明顯效果。這之後初夏時王女士精神基本正常，可以認為已恢復健康。

王女士回憶，他冬天發病，至初夏康復時，似乎人大睡一場之後突然清醒了。她看到周圍樹木蔥蘢，對母親說："這些樹木怎麼一下子變綠了！"當地四季分明，冬天樹木都會落葉。有人對王女士說："你未來婆家聽說你得了精神病，不願要你了。"王女士高興的回答："那太好了，我還不想嫁那個人呢！"

病好兩年後，王女士被未婚夫迎娶。生一女一子後。在 1977 年，王女士與丈夫的房子被婆婆私自賣出，錢用於家族成員"闖關東"費用。這個事件又再次觸發王女士犯病！王女士很快又服了本村秘方傳人配製的秘方藥，服後很快康復，至今 42 年沒有復發。

後據考證，王女士之夫李先生只是社會街頭智力甚低，但為人樸實誠懇勤奮，其記憶力極為驚人，聽過的事情可以幾十年不忘。他曾單純用記憶力當過生產隊會計，他也是村中民間故事傳人及說書人，雖然是文盲（當時文盲率超 7 成）。

主要成分外觀：巴豆

解藥：綠豆

作者介紹：

• 李 常 珍 ，1975 年生於山東青島。畢業于青島大學，幷在畢業當年獲得律師資格證書。自小深受祖父和父親所講當地神話故事與奇聞異事之薰陶，酷愛閱讀與寫作。作品有《無用的文明》，《天堂前的審判》，《一個七零後的童年》，《李常珍童話》，《膠東志異》及《自然拼音》，《識字與閱讀》等。作者近年對輪回和靈魂學有深入研究。

• The author's email address: risingstar2008@hotmail.com

• Public Group (Q/A): https://www.facebook.com/groups/1016834685354443/ www.ReincarnationWorld.org

李常珍其他著作

《坪陽再生人－－中國侗族 100 個轉世投胎案例實訪

記錄》，繁體中文版，臺灣各大書店

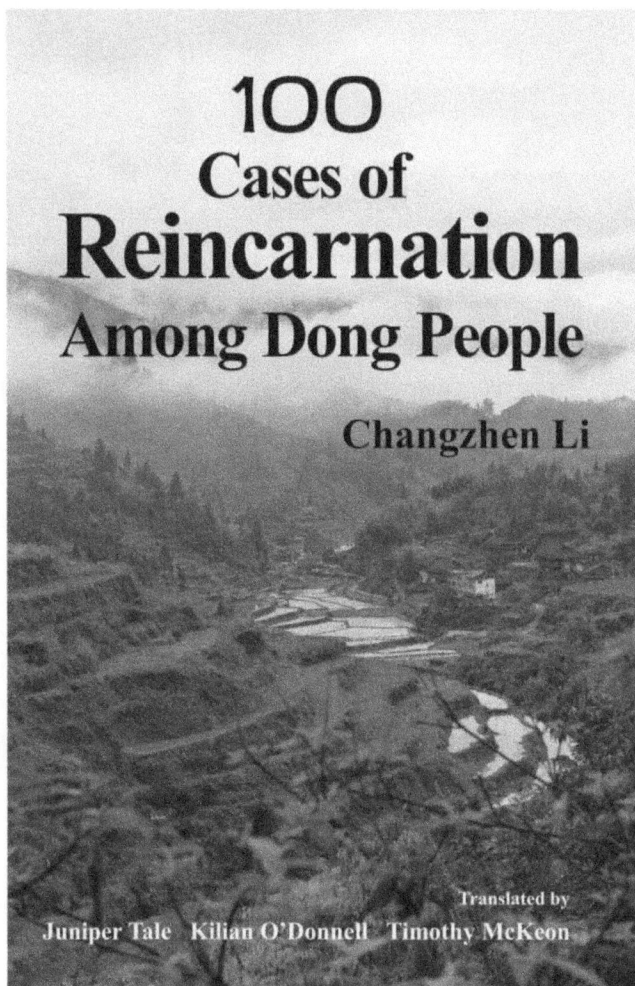

100
Cases of
Reincarnation
Among Dong People

Changzhen Li

Translated by
Juniper Tale   Kilian O'Donnell   Timothy McKeon

100 Cases of Reincarnation Among Dong People   First Edition © 2020 by Changzhen Li

Translated by Juniper Tale, Kilian O'Donnell and Timothy McKeon, published by the Author in 2020

Amazon.com

www.ingramcontent.com/pod-product-compliance
Lightning Source LLC
Chambersburg PA
CBHW021611210326
41599CB00010B/708